身边生动的自然课

多彩多姿的野花

中国科学院院士　匡廷云◎著

吉林科学技术出版社

图书在版编目（CIP）数据

多彩多姿的野花 / 匡廷云著 ; 王丹丹译. -- 长春 :
吉林科学技术出版社, 2018.6
（身边生动的自然课）
ISBN 978-7-5578-3972-7

Ⅰ. ①多… Ⅱ. ①匡… ②王… Ⅲ. ①野生植物一花卉一儿童读物 Ⅳ. ①Q949.4-49

中国版本图书馆CIP数据核字(2018)第075967号

吉林省版权局著作合同登记号：图字 07-2017-0052

多彩多姿的野花 DUOCAI-DUOZI DE YEHUA

著　　者　匡廷云
译　　者　王丹丹
绘　　者　[日]藤原智
出 版 人　李　梁
责任编辑　潘竞翔　赵渤婷
封面设计　长春美印图文设计有限公司
制　　版　长春美印图文设计有限公司
开　　本　880 mm × 1230 mm　1/20
字　　数　40千字
印　　张　2.5
印　　数　1-8000册
版　　次　2018年6月第1版
印　　次　2018年6月第1次印刷

出　　版　吉林科学技术出版社
发　　行　吉林科学技术出版社
地　　址　长春市人民大街4646号
邮　　编　130021
发行部电话/传真　0431-85677817　85635177　85651759
85651628　85600611　85670016
储运部电话　0431-84612872
编辑部电话　0431-86037576
网　　址　www.jlstp.net
印　　刷　长春新华印刷集团有限公司

书　　号　ISBN 978-7-5578-3972-7
定　　价　28.00元

前　言

地球上千奇百怪的植物始终伴随着人类的发展历程，人类生活习惯的演变离不开植物世界。路边的小草、庭院里的盆花、餐桌上的蔬果、园子里的果树，它们发生过什么有趣的事？兰花有多少种？含羞草为什么能预报天气？如何迅速区分玫瑰与月季？三叶草只有三片叶子吗？无花果会开花吗？莲花的姐妹是谁？麦冬的哪个部分可供药用？人类与植物世界存在着怎样的联系？植物之间是如何相互依存、相互影响的？……本系列丛书为孩子展现了生活中最常见植物的独特之处，不仅能够培养孩子的观察、思考能力，还能够丰富他们的想象力，提高他们的创造力，是一套值得小读者阅读的科普读物。

中国科学院院士

中国著名植物学家

[签名]

目录

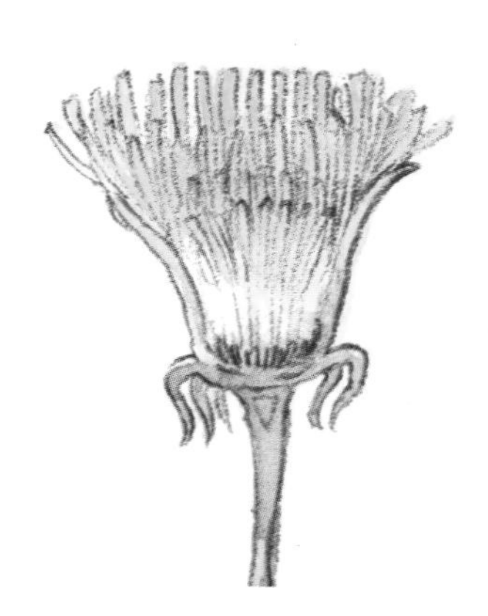

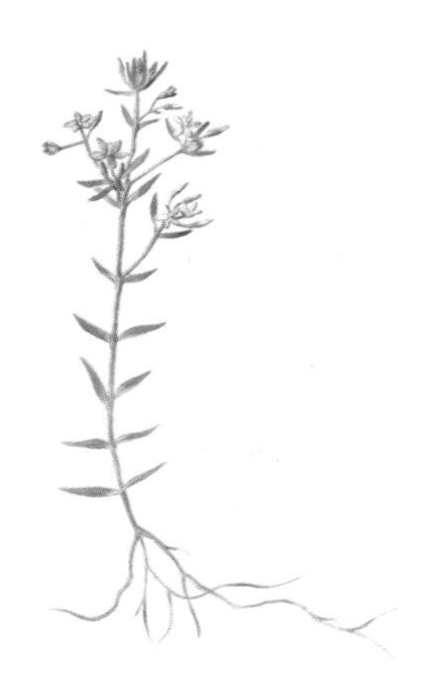

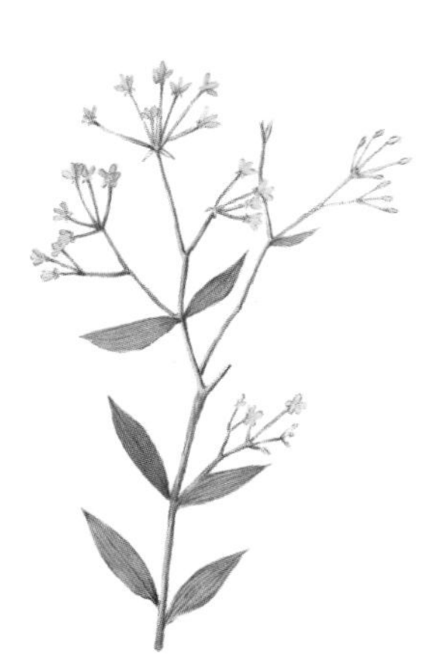

蒲公英广泛生长在坡地、路边或田野上。它的根部深长；叶子紧贴地面生长；茎折断后会流出白色的汁液；黄色花朵呈头状花序，由内向外开放。花谢后，包裹在花苞外的白色冠毛会结成一个漂亮的绒球，每个绒球包含 100 粒以上的种子；种子随风飘落，落在哪里，就在哪里孕育新生命。蒲公英可以做菜，还有很高的药用价值。

别称： 黄花郎、婆婆丁

种类： 多年生草本植物

花期： 4~9 月

高度： 15~20 厘米

车前

【车前科车前属】

车前，又称“命硬草”，它对生存环境要求很低，不惧严寒，也不畏干旱。车前的根茎粗短，叶子没有茎秆，直接从根部向四周展开，形似莲花座；叶片是椭圆形的，薄如纸片；但是叶柄内含有一种韧性极好的纤维质，能经受住踩踏和碾压；车前的花朵是穗状的，像细细的圆柱；花朵凋谢后，结椭圆形的蒴果。车前全身都是宝，嫩叶可以制成美食，成熟的车前叶和果实车前子可供药用。

别称： 车前草、车轮草

种类： 二年生或多年生草本植物

花期： 4~8 月

高度： 3~40 厘米

百脉根

【豆科百脉根属】

百脉根俗称“五叶草”，有五片叶子，伞状花序，且同一株能开出黄橙两色的花朵。豆荚是果实，形状类似鸡爪。每个豆荚里有 10~15 粒种子，种子细小、光滑，形状类似肾脏。百脉根主要生长在土壤肥沃的区域，抗水流冲刷能力强，能防止水土流失。嫩叶可供药用，也是重要的绿肥作物。

百脉根由5片叶子组成，无明显叶脉。

荚果长且直，呈线状圆柱形，顶端尖细，种子成熟后荚果会裂开。

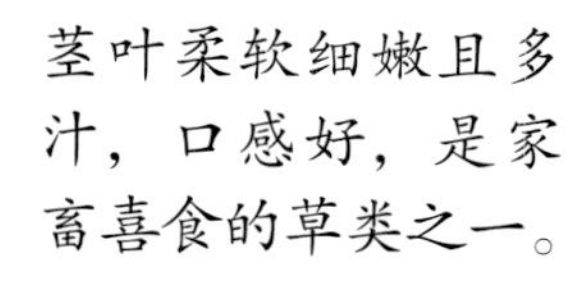

茎叶柔软细嫩且多汁，口感好，是家畜喜食的草类之一。

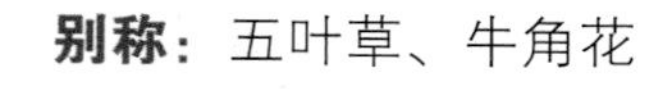

别称：五叶草、牛角花

种类：多年生草本植物

花期：5~9 月

高度：15~55 厘米

蓖麻

【大戟科蓖麻属】

蓖麻是一种小灌木，叶子像手掌，边缘有锯齿；圆锥状花序，花柱为深红色，下部生雄花，上部生雌花；果实是褐色的球形蒴果，表面包有软刺，成熟之后，蒴果就会开裂，露出里面的蓖麻子。蓖麻子像一颗颗光滑的小石头，上面有黑、白或棕色的斑纹。蓖麻子有毒，不能食用，但可以提炼工业用油。蓖麻叶是重要的中药材。

蓖麻叶子像手掌，一片叶子有7~11裂，叶柄粗壮，网脉明显。

广泛种植蓖麻是为了榨取蓖麻油，蓖麻油不可食用，它是助染剂、润滑油、油漆等的重要原材料。

果实成熟后会开裂，食用两粒以上可引起中毒反应，严重可能致死。

别称： 大麻子、草麻

种类： 一年生草质灌木

花期： 全年

高度： 5 米

臭豆碱

【豆科百脉根属】

臭豆碱一般生长在路边、干燥的田野和石灰岩旁。叶子为椭圆形，长30~70厘米，上表面无毛，下表面有微毛。黄绿色花朵，簇生，呈悬挂状。上层花瓣黑色，明显短于其他4个花瓣。荚果长10~20厘米，为绿色，待种子成熟后，颜色变成紫色或黄色。

新长出的叶子一般为3片，能看到淡淡的叶脉。

荚果内部是褐色的种子，虽然气味微臭，却可以作为食材。

种类：多年生落叶灌木

花期：1~4 月

高度：1~4 米

长春蔓

【夹竹桃科蔓长春花属】

长春蔓一般生长在温暖、湿润的半阴地区。植株为常绿蔓生亚灌木，丛生。营养茎偃卧或平卧地面。叶片对生，椭圆形，先端急尖，富有光泽。花朵单生于开花枝叶腋内，花朵为蓝紫色。叶缘、叶柄、花萼及花冠喉部有细毛，其他部位无毛。结蓇果，种子无毛。

花朵生长在茎的顶端，花茎细高，长 30~70 厘米。幼枝为绿色或红褐色。

叶片对生，花茎短而直，叶片有光泽。

别称：缠绕长春花、蔓长春花

种类：多年生草本植物

花期：2~5 月

高度：约 100 厘米

独葵

【锦葵科蜀葵属】

独葵是蜀葵的变种，叶子粗糙且多毛，花盘硕大，颜色丰富，从浅红色到紫色都有；结环形蒴果。独葵花期长，花朵艳丽，常作为装饰花卉。嫩叶和花朵可以食用，也是一味中药材。

花瓣双裂，突出的雌蕊为黄色；种子成熟后会自动散落下来。

花茎直立生长，比较粗大，上面长满一层硬毛。

叶子多毛，基部为深锯齿状，叶缘为圆锯齿状。

别称：一丈红、戎葵

种类：二年生直立草本植物

花期：5~7 月

高度：1~2 米

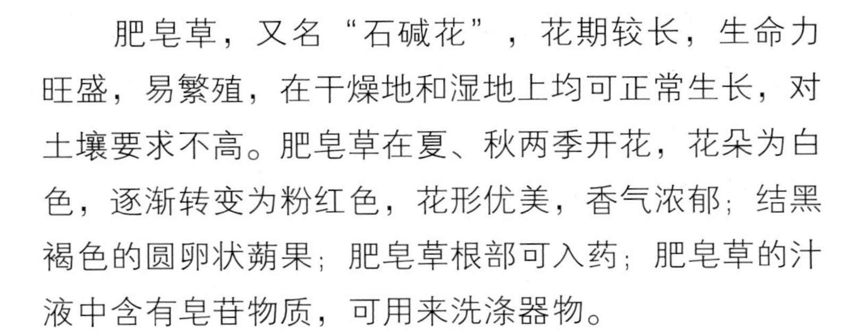

肥皂草

【石竹科肥皂草属】

肥皂草，又名“石碱花”，花期较长，生命力旺盛，易繁殖，在干燥地和湿地上均可正常生长，对土壤要求不高。肥皂草在夏、秋两季开花，花朵为白色，逐渐转变为粉红色，花形优美，香气浓郁；结黑褐色的圆卵状蒴果；肥皂草根部可入药；肥皂草的汁液中含有皂苷物质，可用来洗涤器物。

花瓣为长卵形；每一个小聚伞花序有3~7朵花。

叶子呈椭圆形，叶面光滑；多茎且分布疏散，茎基部的叶子较宽。

花梗长，花簇密集，花萼筒状，花蕊和花柱外露。

别称：石碱花

种类：多年生草本植物

花期：6~9月

高度：30~70厘米

芙蓉，又名“木莲”，因花朵形似荷花而得名。芙蓉的叶子宽大，为心形；花朵单生，在枝端的叶腋间，初开时为白色或淡红色，逐渐变成深红色；结扁球形的蒴果，种子形似肾脏。芙蓉花晚秋才开始绽放，不畏冰霜和严寒，所以又称 “拒霜花”。 它的用途较广，树皮纤维可以搓绳、织布；根、花、叶均可供药用。

芙蓉

【锦葵科木槿属】

雄蕊长，有凸出的柱头；花朵有清热、凉血、解毒的功效。

叶缘呈锯齿状，先端尖细，表面有星状的细毛和小点。

茎部结实，内部纤维柔韧而且耐水性强，可以作为麻类的代用品和原料，也可用于造纸。

别称： 拒霜花、木莲

种类： 多年生小灌木

花期： 8~10 月

高度： 1~5 米

附地菜

【紫草科附地菜属】

附地菜，又名“鸡肠草”，因为它的茎部为棕红色，被短糙伏毛，跟鸡肠十分类似；紧贴地面生长，整株像莲花座四散铺开；单叶互生，叶片皱缩，为椭圆形或长圆形，表面被糙伏毛；总花序细长，可达 20 厘米，顶端开蓝色小花；结小坚果；全草可供药用。

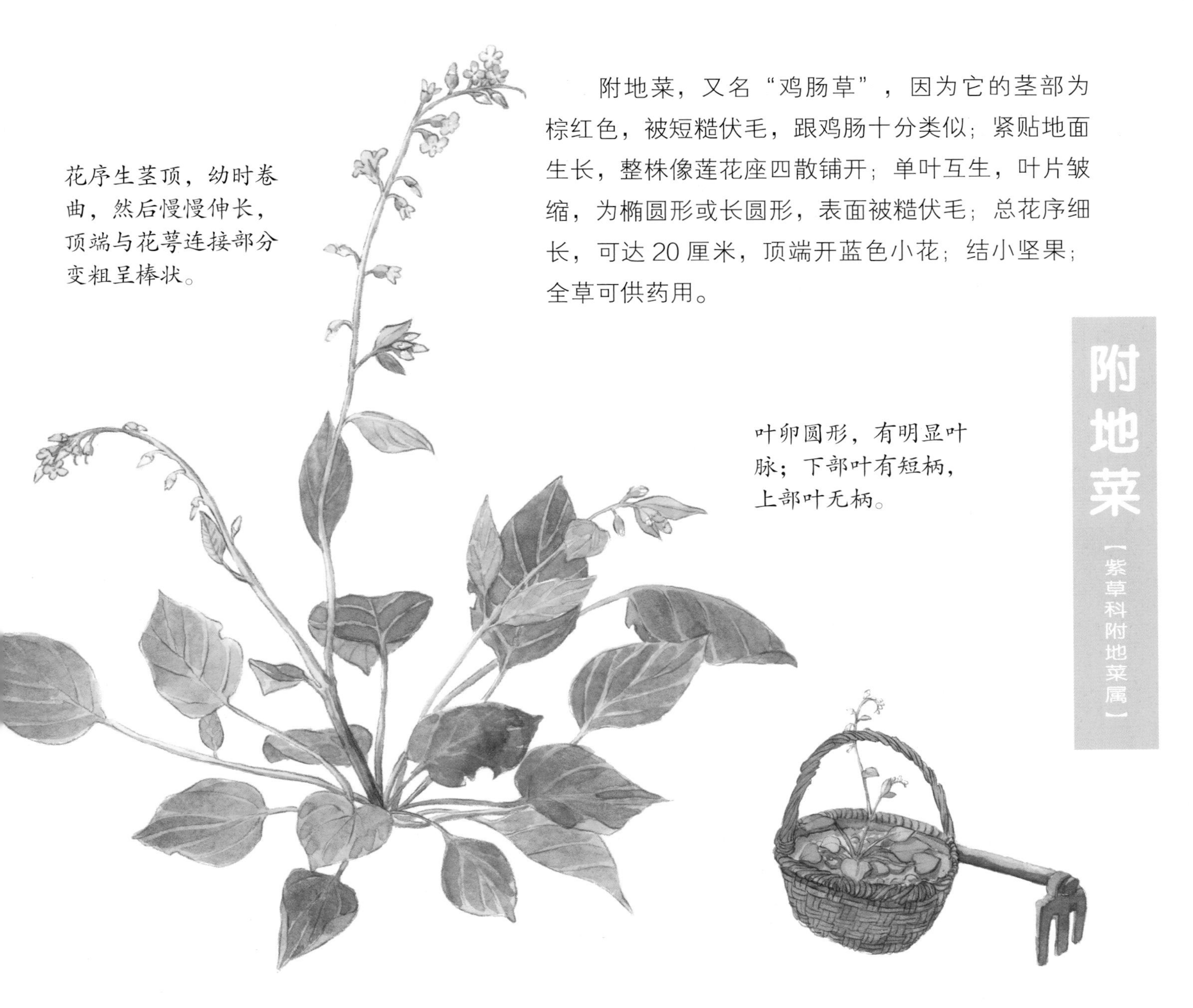

附地菜不可作为食材，但可供药用，有健胃、止血、消肿等功效，还可以外敷，治疗跌打损伤。

别称： 鸡肠草、地胡椒

种类： 一年或两年生草本植物

花期： 4~6 月

高度： 5~30 厘米

贯叶金丝桃

【藤黄科金丝桃属】

贯叶金丝桃是一种植物的全草，分三种，果实均为蒴果，形状与大麦相似，呈黑褐色，表面有蜂窝一样的纹路。圆柱形的茎部，叶子为长椭圆形，边缘上布满了透明或黑色的小腺点。贯叶金丝桃具有疏肝解郁、清热利湿、消肿通乳的功效，是一味中药材。

蒴果有背生的腺条和侧生的囊状腺体，顶端开裂，种子多，呈圆筒形。

花瓣分散、整齐，表面有黑色的腺体，花柱凸出。

聚伞花序，开金黄色大花朵，每朵花5片花瓣，每片长圆形或披针形的花瓣边缘都有黑色的腺点。

别称：贯叶连翘、小金丝桃

种类：多年生草本植物

花期：7~8 月

高度：100 厘米

红白金花

【龙胆科獐牙菜属】

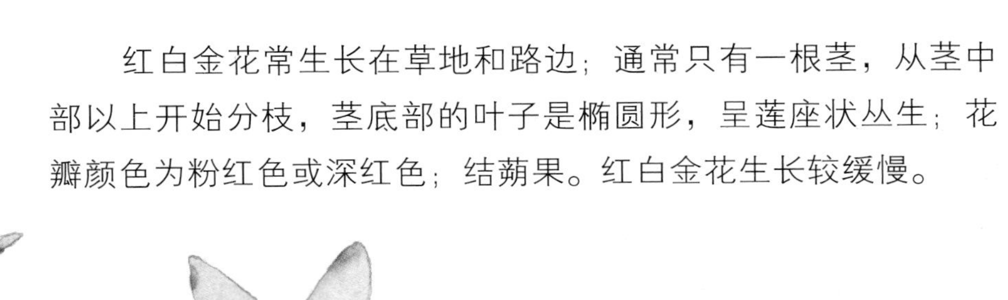

红白金花常生长在草地和路边；通常只有一根茎，从茎中部以上开始分枝，茎底部的叶子是椭圆形，呈莲座状丛生；花瓣颜色为粉红色或深红色；结蒴果。红白金花生长较缓慢。

花簇生于顶部，有细长的苞片，花蕊集中凸出。

分枝从中部以上才开始出现，茎叶对生。

叶片上有3条明显的叶脉。

种类： 二年生草本植物

花期： 5~7 月

高度： 10~50 厘米

红豆草

【豆科红豆属】

红豆草花色艳丽，可与紫花苜蓿媲美，因为适口性强，故有“牧草皇后”之称。在中国新疆天山和阿尔泰山北麓都有野生红豆草分布。红豆草主根粗壮，能延伸到土下 3 米，叶子呈细长椭圆形；果实扁平，果皮粗糙，表面凸起网状脉纹，边缘有锯齿，每个荚果内只有 1 粒种子。红豆草是优良的牧草和绿肥原料。

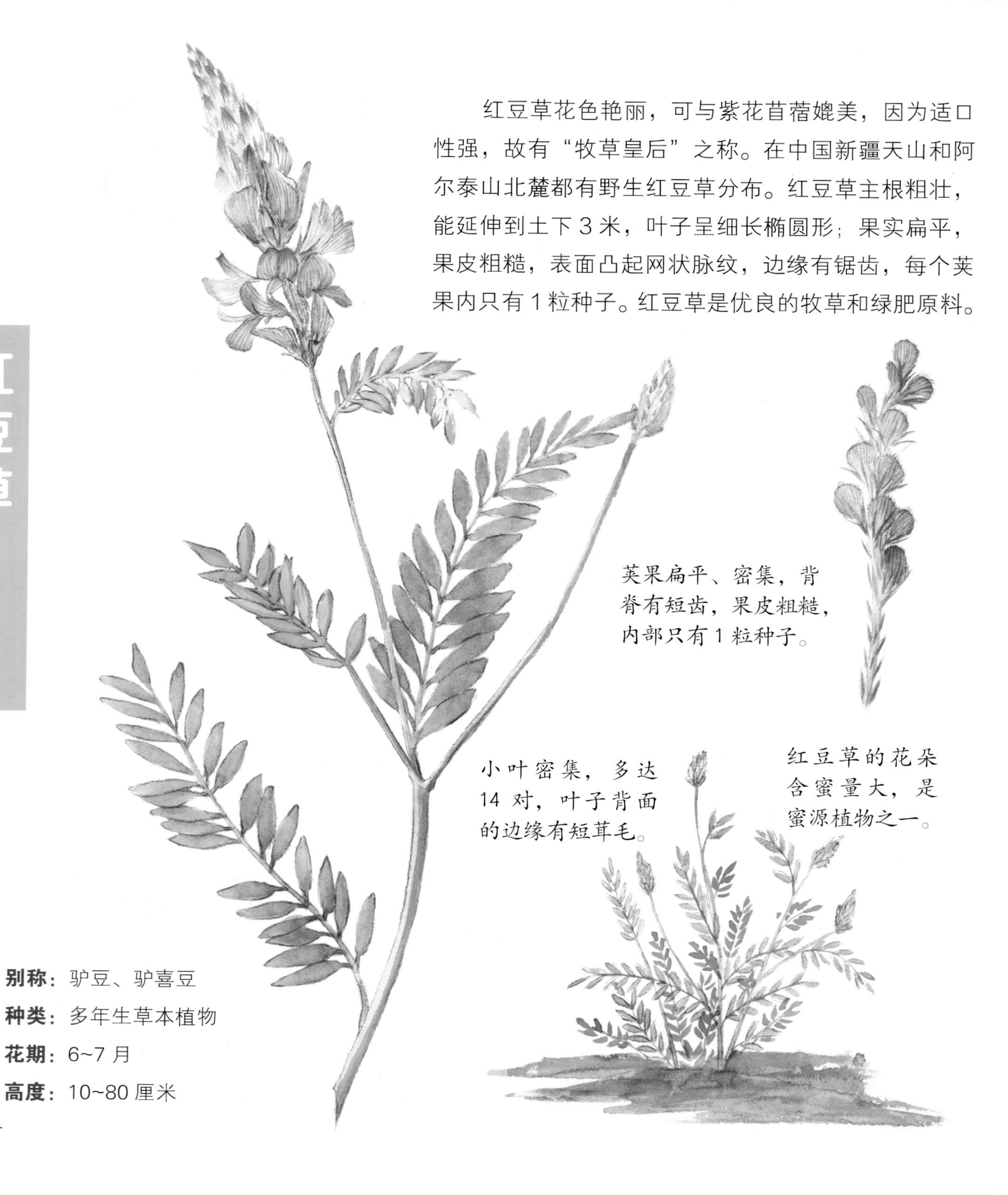

别称： 驴豆、驴喜豆

种类： 多年生草本植物

花期： 6~7 月

高度： 10~80 厘米

黄毛野豌豆一般生长在路边、耕地里或牧场上；植株呈卷须状，有分叉，茎纤细、柔软，可以靠卷须器官攀附在一些坚固的物体上生长；卵形的叶子，顶端有卷须；黄色的花朵开在叶腋处，花萼上有锐利的齿；结荚果，表面有稀疏的细毛；成熟后荚果会变成褐色，里面有圆卵形的种子。黄毛野豌豆是牲畜的优良牧草。

黄毛野豌豆

【豆科野豌豆属】

花有短柄，花萼有锐利的齿。

花朵开在叶腋处，有时带有紫色的脉纹，叶子互生或近似对生。

荚果表面有一层稀疏的毛，成熟后会变成褐色。

种类：一生年草本植物

花期：3~6 月

高度：20~60 厘米

茴香一般在温暖的地区生长，它会散发出一种特殊的香辛味，是烧鱼炖肉、卤制食品时的必备香料。因它能去除肉中异味，为之添香，故称“茴香”。种子所含的主要成分是茴香油，能促进人体内消化液分泌，增加胃肠蠕动，排出积存的气体，有健胃、行气的功效。

茴香

【伞形科茴香属】

夏季开花，花朵是黄色的。花朵较小，分散成复伞形花序。

茴香籽呈淡青灰色，卵形，有特殊的香气，可以做调料，也可供药用，有暖胃、散寒的功效。

茎直立，光滑，非常坚硬，表面呈灰绿色或苍白色。

茴香肥厚的叶鞘部鲜嫩质脆，一般可以切成细丝，再加入调味品凉拌食用，也可与肉类一起炒制。

别称：茴香子、香丝菜

种类：多年生草本植物

花期：5~6 月

高度：40~200 厘米

蓟

【菊科蓟属】

蓟的叶子像羽毛，边缘有尖利的小刺，块根形状像纺锤，所有的枝上都长着白色丝状茸毛；花苞圆球状，紫色的花瓣呈针状，集合在一起盛开；结椭圆形瘦果。折断蓟的叶子，内部会流出白色的汁液；折断茎秆，在断面上会长出新芽。蓟的嫩叶可食用或做饲料及药材。

花朵凋谢后，会结出种子，种子成熟后，会随风飘走。

别称：刺蓟、大蓟

种类：多年生草本植物

花期：6~8 月

高度：50~100 厘米

菊芋

【菊科向日葵属】

菊芋，又名洋姜、鬼子姜，叶子为卵形，较粗糙。直立的茎部有白色的短毛，结楔形瘦果。菊芋地下块茎形似芋头，富含淀粉、菊糖等果糖多聚物，可以煮食或熬粥，腌制咸菜，晒制菊芋干，是制取淀粉和酒精的原料。

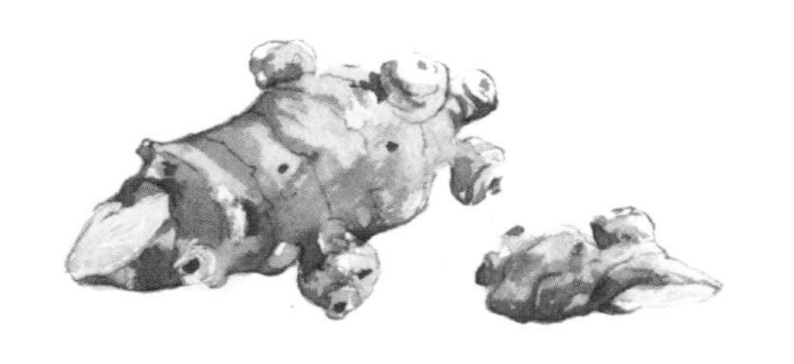

块茎上有瘤状凸起，味道淡，口感脆，像土豆。

头状花序，12~20个黄色舌状花瓣展开。

菊芋能长很高，甚至能探过较高的围墙，在墙的另一侧继续开花。

别称：洋姜、鬼子姜

种类：多年生草本植物

花期：8~9 月

高度：1~3 米

藜

【藜科藜属】

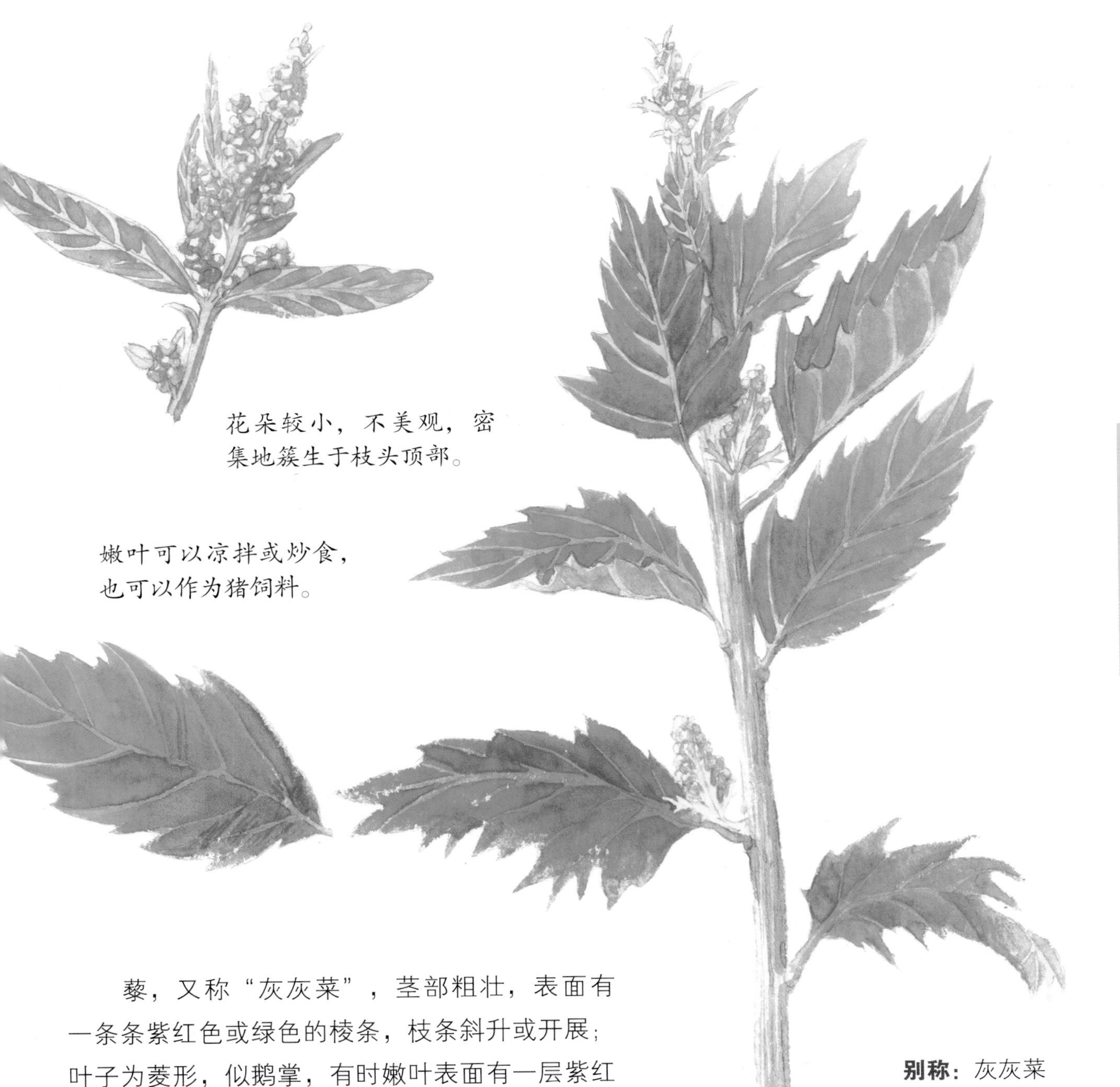

藜，又称“灰灰菜”，茎部粗壮，表面有一条条紫红色或绿色的棱条，枝条斜升或开展；叶子为菱形，似鹅掌，有时嫩叶表面有一层紫红色的粉状物；圆锥状花序；果皮与种子贴生。灰灰菜是一种常见的野菜，可以食用，味道鲜美，营养丰富。

别称： 灰灰菜

种类： 一年生草本植物

花期： 5~8 月

高度： 30~150 厘米

琉璃苣的口感和气味与黄瓜相似，外形类似于大型茼蒿，琉璃苣的花朵非常美观，蓝色带有白点。蜜蜂和蝴蝶常被其花朵的香气吸引而来。种子为小坚果，表面有乳头状的凸起。琉璃苣嫩叶可以作为蔬菜食用，鲜叶及干叶还可用于炖汤。另外，叶子还含有挥发油，能平抚情绪、安定神经，是一种有名的药材。几百年前，欧洲人就将其作为药草使用。

琉璃苣

【紫草科琉璃苣属】

花序下垂，呈喇叭状，5 枚花瓣的形状像星星。雄蕊鲜黄色，在花中心排成圆锥形。

别称： 星星草

种类： 一年生草本植物

花期： 7 月

高度： 60~120 厘米

每年 7 月是琉璃苣盛开的时间，花朵可以做糖果，并有镇痛的效果，也可做蜜源植物。

龙葵

【茄科茄属】

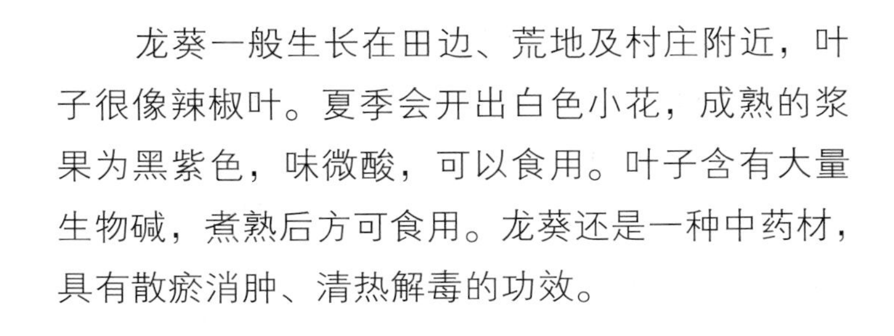

龙葵一般生长在田边、荒地及村庄附近，叶子很像辣椒叶。夏季会开出白色小花，成熟的浆果为黑紫色，味微酸，可以食用。叶子含有大量生物碱，煮熟后方可食用。龙葵还是一种中药材，具有散瘀消肿、清热解毒的功效。

叶子基部为楔形，先端短尖，叶缘具有不规则的波状粗齿。

龙葵果实像珠子一样，挤破会把白布染成紫色。

别称： 野辣虎、野葡萄

种类： 一年生草本植物

花期： 夏季

高度： 30~100 厘米

轮花大戟

【大戟科大戟属】

轮花大戟一般生长在半阳的山坡。植株呈圆形，表面被白色短柔毛。茎部高大且结实，砍断后会流出乳白色的汁液。它的种子富含油分，可制作润滑油和肥皂。另外，种子可入药，具有利尿、治疗恶疮的功效。

花蕊内的褐色蜜腺能分泌花蜜，吸引蜜蜂来采蜜。

毛茸茸的蒴果呈黄色，为圆球形浆果，每个蒴果里有3粒种子。

长矛形叶子密集丛生呈圆锥状，植株有毒。

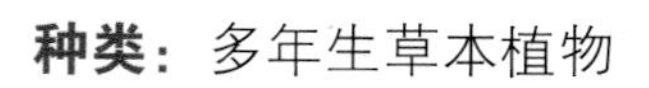

种类： 多年生草本植物

花期： 1~7 月

高度： 80~180 厘米

马齿苋是一种随处可见的野菜，耐旱、生命力很强，即使拔起久晒，也不会马上枯萎。马齿苋的茎部柔软并且紧贴地面；叶子小而肥厚，对称生长，形状像马齿；枝条呈淡绿色或暗红色；结小而尖的果实，果实中有马齿苋籽。马齿苋是食药两用的植物。

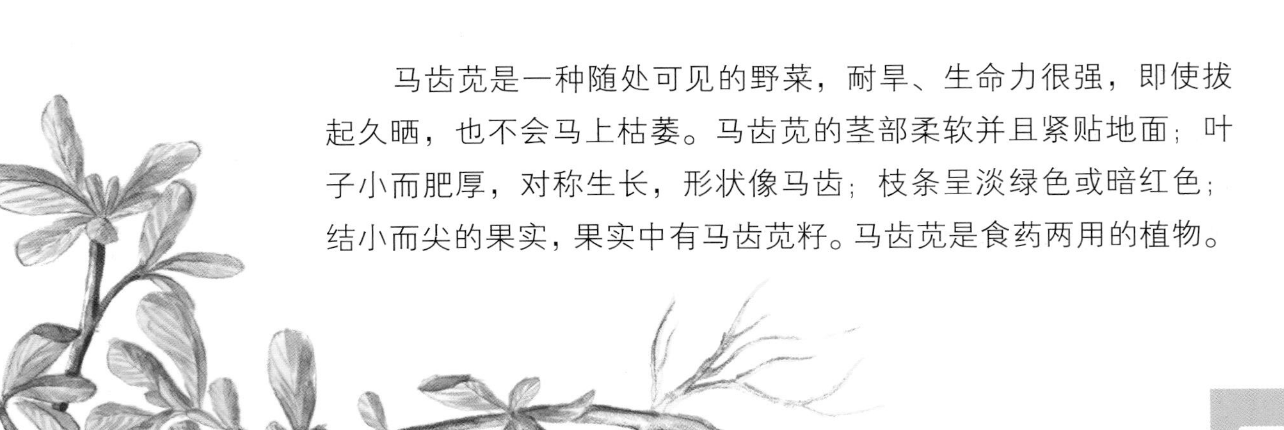

马齿苋

【马齿苋科马齿苋属】

马齿苋的茎部粗，呈深红色；花小，呈黄色，有5片花瓣。

马齿苋茎顶部的叶子很柔软，可用来做汤、果酱或炖菜。

马齿苋常见于空地或田地，植株相互依附生长。

别称：五行草、长命菜

种类：一年生草本植物

花期：5~8 月

高度：15~30 厘米

柴胡一般生长在干燥的荒山坡、田野或路旁。因为产地不同，又可以分为南柴胡和北柴胡。柴胡的主根较粗大，主干直立丛生，表面呈黑褐色或浅棕色，皮质内富含纤维，所以不易被折断；花序水平伸出形成疏松的圆锥状。柴胡可以煮粥，也可以泡药茶，入药部分主要是干燥的根部。

柴胡

【伞形科柴胡属】

花序呈伞形，10~15 伞幅淡黄色小花组成 1 个花序。

叶子像竹叶，成对生长，先端尖，分枝间隔较宽。

果实是粗钝的长圆形双悬果。

别称： 地熏、柴草

种类： 多年生草本植物

花期： 8~9 月

高度： 6~15 厘米

茜草

【茜草科茜草属】

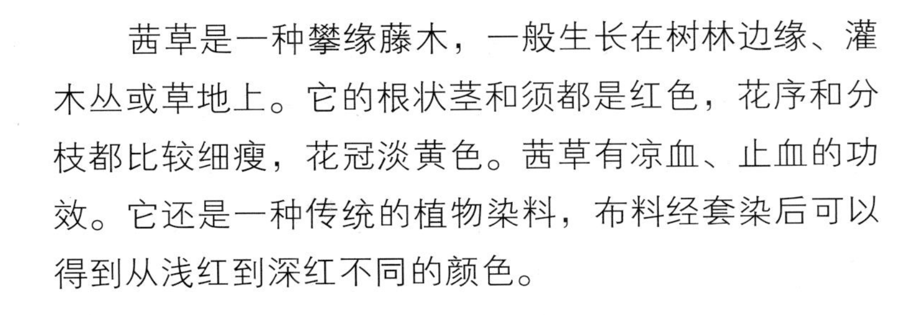

茜草是一种攀缘藤木，一般生长在树林边缘、灌木丛或草地上。它的根状茎和须都是红色，花序和分枝都比较细瘦，花冠淡黄色。茜草有凉血、止血的功效。它还是一种传统的植物染料，布料经套染后可以得到从浅红到深红不同的颜色。

叶子轮圈生长，花较小，簇开在每一轮的叶腋处。

结球形浆果，果实成熟后会变成黄色。

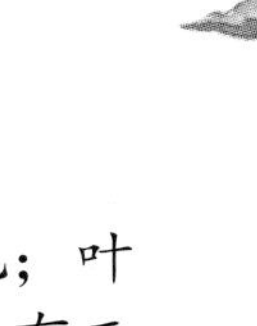

茎部表面有长毛；叶子无毛，叶片上有三条清晰的主脉。

别称： 血见愁、地苏木

种类： 多年生草质攀缘藤木

花期： 4~6 月

高度： 20~60 厘米

大紫草蓝

【紫草科紫草属】

大紫草蓝生长于田野、路边或花园。大紫草蓝更适应于凉爽干燥的生长环境，植株矮小。花萼上有一层硬毛，结椭圆形的小坚果，花朵是较好的切花材料和蜜源植物。大紫草蓝是一味具有清热解毒、杀虫止痒等多种功效的药材。

花毛簇形呈白色，形似眼睛，圆锥状花序，花色为紫色或靛蓝色，花瓣上有明显的网状纹路。

主茎高大、直立生长，有硬毛；叶子呈带状，叶面粗糙。

叶无柄，基部浅裂，先端尖，表面有明显的叶脉和侧脉。

种类：多年生草本植物

花期：4~6 月

高度：20~150 厘米

茸毛金雀花

【豆科紫雀花属】

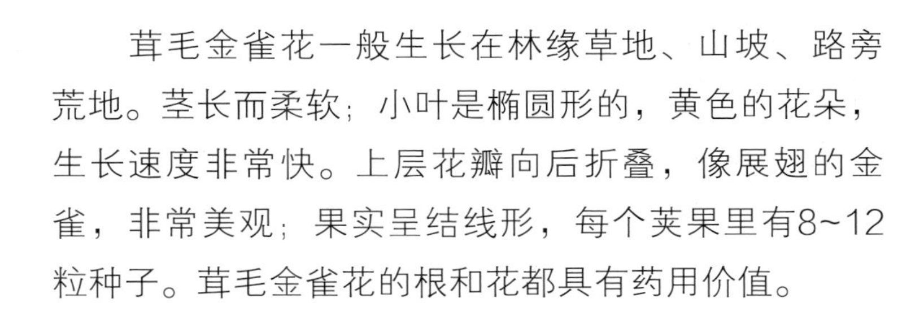

茸毛金雀花一般生长在林缘草地、山坡、路旁荒地。茎长而柔软；小叶是椭圆形的，黄色的花朵，生长速度非常快。上层花瓣向后折叠，像展翅的金雀，非常美观；果实呈结线形，每个荚果里有8~12粒种子。茸毛金雀花的根和花都具有药用价值。

荚果下面有长柄，先端尖，成熟后表面的茸毛就会脱落。

上层花瓣伸开，向后折叠，花萼小。

叶子表面无毛，有深绿色的叶脉和侧脉。

别称： 紫雀花

种类： 多年生匍匐草本植物

花期： 3~5 月

高度： 1~2 米

四棱豆的叶子是羽毛状复叶，所结的荚果呈四棱状，每个荚果里有8~17颗球形种子，种子的外皮颜色丰富，有白色、黄色、棕色、黑色等。四棱豆被称为“绿色的金子”，用途广泛，地下的根块可以做食材，茎叶可以做肥料，种子可以做豆奶，也可以榨油。

四棱豆

【豆科四棱豆属】

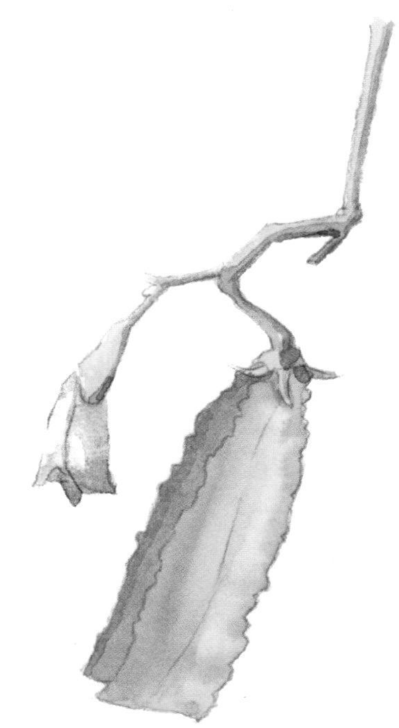

四棱豆全身都是宝，花和叶子都可以食用，茎可以做饲料，种子可以做豆腐、榨油等。

开花后10天左右摘收的嫩荚可以食用，过期后豆荚变硬，难于咀嚼。

花萼绿色，外层花瓣稍向内弯，花朵外部是淡绿色，内部是浅蓝色。

别称： 翼豆、皇帝豆

种类： 一年或多年生草本植物

花期： 2~6月

高度： 10~40厘米

夏枯草

【唇形科夏枯草属】

夏枯草一般生长在湿地、草丛、路旁，对生长环境的适应性很强，整个生长过程中很少发生病虫害。根茎在地面匍匐生长，节上有须根，表面有稀疏的毛；花朵里含有甜甜的汁液，可以吸食；花朵凋谢后，露出棕褐色的果穗，里面有像卵珠一样的小坚果；夏枯草有清火明目的功效，可用于治疗目赤肿痛、头痛等，是一味常用的中药材。

夏枯草在夏季会枯萎，通过种子和根茎繁殖。

轮伞状花序密集组成穗状花序，形状像宝塔，淡紫色的花朵在两个苞片中由下向上开放。

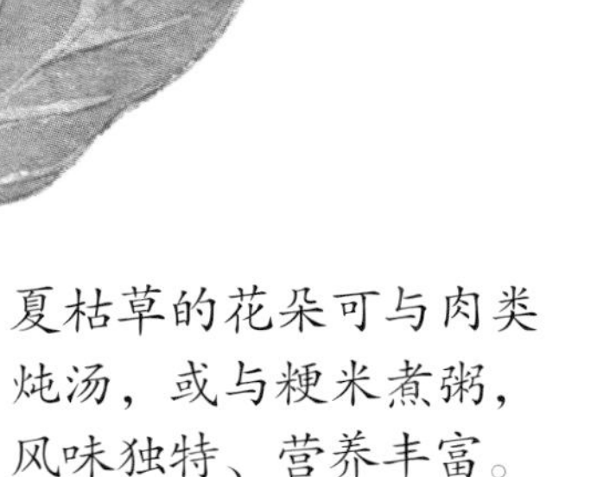

夏枯草的花朵可与肉类炖汤，或与粳米煮粥，风味独特、营养丰富。

别称： 蜂窝草、麦穗夏枯草

种类： 多年生草本植物

花期： 8~9 月

高度： 15~30 厘米

延胡索一般生长在丘陵草地，更适应于温暖湿润的气候。又称“大地之雾”。地下有扁球形块茎，地上茎短、纤细，折断后会流出黄色的液汁；蒴果圆柱形，具有活血、行气、止痛的功效，是常用的中药材之一。

延胡索

【罂粟科紫堇属】

植株高10~30厘米。块茎圆球形，质地发黄。

花瓣的边缘向上翘起，顶部颜色较深；4片花瓣，外轮2片稍大，内轮2片稍小。

叶片轮廓为宽三角形，叶柄长。

别称： 元胡、玄胡

种类： 一年生草本植物

花期： 4~6月

高度： 10~30厘米

虞美人

【罂粟科罂粟属】

虞美人又称“赛牡丹”，人们认为它像牡丹一样美丽，它的花朵很薄，像彩云般轻盈；茎和叶子上都有毛，分枝细弱；花瓣近圆形，花色丰富，能开红色、紫色或白色的花；结小小的蒴果，一个蒴果里至少有 8000 粒种子，种子有毒。虞美人不但花美，而且药用价值高，还可以作为染料。

蒴果像莲蓬，呈盘状，无毛，里面有许多肾状长圆形的种子。

叶子互生，披针形，呈羽状分裂，从底部到尖端逐渐变小。

虞美人全株长满明显的糙毛，分枝多而且纤细，叶质较薄，就如同纤弱的美人。

别称： 丽春花、赛牡丹

种类： 一年生草本植物

花期： 4~6 月

高度： 25~90 厘米

长春花

【夹竹桃科长春花属】

长春花一般生长在潮湿阴暗的地方。从春季到秋季，长春花开花几乎从不间断，花势繁茂，有“日日春”的美名。长春花含70多种生物碱，是一种防治癌症的天然良药。其中长春碱和长春新碱对治疗肺癌、淋巴肉瘤、恶性肿瘤等疾病有一定疗效。

花开在茎的顶端，稍微向外倾斜，5片花瓣，花中心有白色的洞眼。

花茎直立，叶子呈卵形、圆形或长矛形，叶面有光泽。

长春花花期长，可作观赏植物，全株具有毒性。

别称： 金盏草、四时春、日日新、雁头红、三万花

种类： 多年生草本植物

花期： 4~12月

高度： 30~60厘米

紫色牛舌草

【紫草科牛舌草属】

紫色牛舌草，一般生长在田野和沙质地上，花形较大而短，密毛较柔软。花朵从短的侧枝上开出，花簇呈螺旋状，花朵的颜色从红色逐渐变成蓝紫色。结较小坚果。紫色牛舌草具有药用价值。

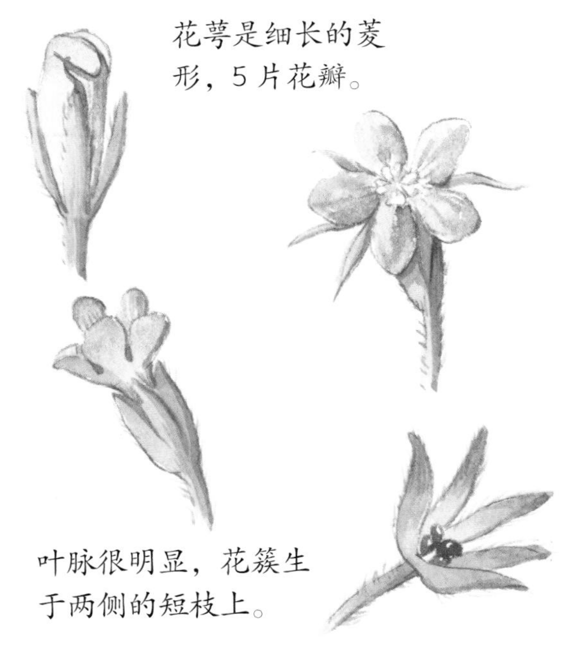

2个雄蕊，凸出。

别名： 羊蹄、土大黄、牛舌棵子

种类： 一年或多年生草本植物

花期： 4~7月

高度： 20~60厘米